LE PETIT
JARDIN POTAGER

TABLE.

LE PETIT
JARDIN POTAGER

RENFERMANT

LES PRINCIPES ESSENTIELS POUR L'ENTRETIEN D'UN JARDIN MARAICHER,

Contenant une liste alphabétique des principaux Légumes, l'époque de faire les semis, la manière de les cultiver, et celle de les conserver l'hiver pour en avoir toute l'année.

SUIVI D'UNE

NOTICE SUR LES PLANTES D'ORNEMENT
POUR LA PLEINE TERRE,

leur mérite spécial, leurs habitudes, leur culture,

PAR

RIVOIRE

membre des Sociétés d'horticulture pratique du Rhône et de l'Ain, etc.

SE TROUVE

CHEZ Mce RIVOIRE, MARCHAND GRAINIER,

Rue d'Algérie, 16,

LYON

LE PETIT

JARDIN POTAGER

Il n'est pas besoin de faire l'éloge du jardin potager, il se recommande assez de lui-même, et il n'est personne qui n'en sente le besoin s'il n'en comprend toute l'importance. Le premier jardin qui ait existé était un jardin potager, et Virgile, que tout inspirait, a chanté les choux et les salades. Il ne pressentait pas le système des assolements, il l'ordonnait. Combien serait coupable de lès-jardinage celui qui de nos jours agirait sans tenir compte de cette loi de la nature : à savoir qu'une essence quelconque ne doit pas remplacer immédiatement du moins la même essence (légumes, arbres ou plantes quelconques), puisqu'on l'a dit il y a deux mille ans et qu'on n'a cessé de le répéter depuis.

Un jardin potager bien tenu n'est pas seulement très intéressant et très agréable à visiter ; mais la richesse de ses productions alimentaires ajoutent un intérêt bien autrement puissant, et si on y ajoute la somme hygiénique qu'en retire la santé et l'économie du ménage, on sera surpris de voir encore de ces jardins laisser des désirs à formuler.

Chaque famille de la campagne ou des environs des villes devrait avoir son petit jardin potager ; et tout amateur, dans son jardin fleuriste, un coin de terre destiné à la culture de légumes variés. Cette culture ne demanderait pas beaucoup de travail et procurerait une certaine aisance à celui qui s'y livrerait.

Essayons d'exposer en quelques mots la

situation la plus favorable pour établir un jardin potager aussi bon que facile à bien soigner. Il va sans dire qu'on ne peut pas toujours l'avoir dans les conditions désirables ; mais tout est relatif.

Voici les conditions :

1° Qu'il soit clos de murs, lesquels seront garnis de poiriers et pommiers du côté nord et à l'ouest, de bonnes vignes au midi, et de pêchers au levant et au midi si besoin était. Dans la plate-bande longeant le mur du midi on fait les semis précoces du printemps ; dans celle du nord on fait les semis d'été.

La haie de thuya vive plantée au nord (à défaut de mur) vaut mieux qu'une cloison qui laisse passer la *bise*.

Le mur présente cet autre avantage qu'il clot mieux et garantit mieux les plantes contre les animaux de basse-cour qu'une haie.

2° Qu'on ait abondamment de l'eau et facile à transporter.

3° Le terrain du jardin potager doit être meuble, c'est-à-dire de terre franche. S'il est argileux, compacte, c'est-à-dire ce qu'on appelle de terre forte, il importe de le rendre meuble en y mêlant soit de la cendre de houille, soit des débris de vieux mortier passés à la grille (pas de plâtre de démolition) ou du sable amené par les pluies dans les fossés ou réservoirs. C'est ainsi que, peu à peu et sans frais, on prépare le jardin potager. Il est préférable qu'il décline au levant ou au midi, et qu'il soit aussi près que possible de l'habitation du jardinier ou du cultivateur.

Les engrais à employer dans ce jardin doivent être le fumier de litière et le terreau. On prépare le dernier en ramassant dans les chemins, dans les cours, toutes les immondices qui s'y trouvent ; on les met en tas, et lorsque le tout a fermenté pendant un certain laps de temps, on a un terreau excellent qui, mêlé avec la terre, adoucit cette dernière et la rend très fertile.

Les terrains légers ou siliceux doivent recevoir de préférence du fumier d'étable.

La direction à donner aux lignes, tables ou planches, est celle du midi au nord, afin que chaque plante ait sa part de lumière et de chaleur.

Il est bien entendu que la plus grande propreté doit régner dans le jardin, quelles que soient les plantes cnltivées. Il faut souvent sarcler et biner, surtout le lendemain des pluies d'orage qui tassent la terre et la rendent imperméable à l'air.

CHOIX DE PLANTES

PAR ORDRE ALPHABÉTIQUE

à cultiver dans le Jardin Potager.

Le nombre de bons légumes est bien plus grand que celui indiqué dans cet ouvrage, le but étant de ne recommander que les principaux et la facilité avec laquelle on peut les cultiver et se procurer des variations de nourriture dans les exploitations rurales et maisons de campagne où souvent le jardin potager est trop négligé.

Ail. — On plante les cayeux de novembre à mars à 15 centimètres de distance en tous sens. Lorsque les feuilles de la plante commencent à jaunir, on couche la tige sur terre et on arrache les oignons en août pour les pendre par groupes dans un lieu sec.

Artichaut. — Il se multiplie par œilletons que l'on détache d'avril à mai, du pied-mère. On déchausse avec soin ce dernier, et à l'aide d'une spatule, on détache de la tige l'œilleton enraciné. On n'en laisse à la mère que deux ou trois, les mieux disposés et les plus vigoureux. On choisit les mieux enracinés et les plus forts parmi ceux extraits, et on les plante à demeure à environ 80 centimètres de distance les uns des autres. Plantés dans de bonnes conditions, ils fructifient la même année.

Si on a la précaution d'en replanter une partie chaque année, on récolte des fruits en été sur les anciens pieds et en automne sur les nouveaux.

L'œilleton ne doit pas être mis profond ; il faut que l'extrémité supérieure de la tige (*cœur*) soit à l'air libre; s'il était recouvert de terre il pourrirait.

Cette observation doit être rigoureusement suivie, car de là dépend la réussite de la plantation.

Tous les trois ou quatre rangs l'on doit

laisser la place d'un rang (où l'on cultive pendant l'été d'autres légumes annuels) pour y prendre la terre nécessaire pour recouvrir les plantes d'artichauts l'hiver; mais avant de les butter on entoure les plantes de feuilles sèches, de balles de blé ou de la paille, et l'on jette la terre autour; le dessus doit avoir une couverture mobile que l'on retire quand la température est douce pour leur donner de l'air et que l'on remet à l'approche du froid. Cette précaution les empêche de pourrir à la suite des hivers humides.

Asperge. — Pour faire une aspergère deux systèmes sont en usage. Le premier consiste à enlever toute la terre de l'espace à garnir, à 20 ou 25 centimètres de profondeur; à mettre les griffes dans le bas-fond à 60 centimètres les unes des autres, et puis à rapporter chaque année une partie de la terre enlevée jusqu'à ce que la surface du sol ait repris son niveau.

L'autre système consiste à faire des fosses ou tranchées par rangs espacés de 60 centimètres. On enlève la terre de la largeur du fer de la bèche (environ 20 centimètres) et de 20 à 30 centimètres de profondeur. On tasse bien la terre avec la bèche sur l'espace compris entre les tranchées. On plante ensuite les griffes d'asperges au fond de la tranchée à environ 60 centimètres de distance et à 3 ou 4 centimètres de profond, en étalant bien les racines.

Les soins à donner aux plantations dans l'un et l'autre systèmes sont les suivants : on arrache les herbes au fur et à mesure qu'elles poussent; on coupe les tiges des asperges lorsqu'elles sont sèches, et avant l'hiver. On met une couche de bon terreau ou de fumier bien consommé sur chaque rang. Ces opérations sont répétées chaque année.

Trois ans après la plantation, on peut travailler et niveler la terre, mais il ne faut pas bêcher profond, afin de ménager les racines.

Au printemps de la quatrième année jusqu'à la fin de juin, on peut commencer à cueillir les asperges. Ensuite on les laisse pousser librement. Lorsque les tiges sont mûres on les coupe; on donne une façon à la terre avec un trident, et on couvre de fumier.

Aubergine. — On sème l'aubergine de janvier à avril sur couche. On repique les jeunes plants en plein soleil, de 40 à 60 centimètres de distance, suivant la richesse du terrain, lorsque les gelées ne sont plus à craindre. On leur donne de copieux arrosements pendant les grandes chaleurs. La variété la plus cultivée et la meilleure est la *violette longue*.

Barbe de Capucin. (Voir Chicorée amère).

Betterave. — La culture de cette plante est trop connue pour que nous entrions ici dans de longs détails sur ce sujet; celle du jardin potager diffère peu des autres dites de pleine terre. Les variétés pour salade sont la *rouge ronde* ou *rouge foncé*, la *crapaudine*, la *jaune à salade*.

Cardon. — On sème le cardon du 15 avril au 15 mai par petits poquets, distancés de 80 centimètres à 1 mètre. Ce semis peut se faire dans un carré d'oignons ou de laitues, ou de tout autre légume de peu de durée; ceux-ci étant enlevés, on donne à la terre un bon labour, et les cardons, en se développant, occupent toute la place. — On met de 5 à 6 graines par poquet pour parer aux accidents atmosphériques ou autres : mais on ne laisse se développer que deux plantes, les plus vigoureuses; une seule peut au besoin suffire.

Un des ennemis les plus redoutables du cardon est la courtillière. On l'en préserve au moyen de feuilles de zing ou de fer blanc, longues d'environ 30 centimètres, larges de 10 centimètres. On réunit les deux extrémités de ces feuilles en forme de cercle; on les enfonce en terre, en laissant un rebord de 3 centimètres au-dessus du sol. Le pied se trouve être ainsi cuirassé.

Les variétés de cardon les plus estimées sont le *Plein inerme*, le *Puvis*, l'*Epineux de Tours* (difficile à récolter à cause de ses épines); le *Blanc d'Espagne*, délicat et à côtes creuses.

Lorsque le cardon est gros, en octobre et novembre, on rejoint ses feuilles par un lien et on les fait blanchir en les enveloppant de paille ou de litière avant l'hiver ; puis on les arrache pour les rentrer au cellier ou en cave sèche. On peut aussi le laisser sur place entouré de paille ou de feuilles sèches et le couvrir de terre en ne laissant à l'air que l'extrémité de ses feuilles. Enfin, on peut le mettre dans une fosse recouverte de paille.

Carotte. — La carotte se sème à la volée de février à juillet : de février à avril la variété *courte hâtive* pour la récolter en mai et juin ; d'avril à juillet la *demi-longue*, pour l'automne et l'hiver.

La semer au printemps pour l'hiver est une mesure défectueuse, parce qu'elle *se fend* dans la terre, dépérit en été et devient coriace. Cependant, l'excellente variété *Demi-longue nantaise* est moins sujette à ces inconvénients que l'ordinaire. La *Blanche transparente* est aussi très recommandable comme qualité. Les anciennes longues sont un peu délaissées à cause de leur lenteur à venir et de leur chair coriace. — Pour obtenir de belles carottes, il faut éclaircir les semis trop drus en espaçant les plants de 8 à 12 centimètres, et même davantage dans les bonnes terres.

Pour les conserver l'hiver et les garantir

des gelées, on les met en silo, c'est-à-dire dans des trous que l'on fait en terre, qu'on remplit de carottes que l'on couvre de paille et de terre formant un ados, et l'on bat la terre avec la bêche, de manière à ce que les eaux pluviales ne puissent pas les atteindre; l'on peut également les couvrir sur place avec de la litière, mais par ce dernier moyen elles poussent plus vite au printemps. La variété dite carotte nantaise se conserve facilement sans soins et en place.

Céleri. — On sème le céleri de février à mai, d'abord sur couche, puis en plein air. On repique les jeunes plants en planches distancées de 30 à 40 centimètres. — En faisant tremper la graine dans de l'eau ordinaire, on facilite sa germination. Les variétés préférables sont le *céleri nain hâtif*, le *céleri plein blanc*, le *céleri turc*, le *céleri rave d'Erfurt*. On cultive ce dernier pour la racine qui est charnue, ainsi que l'indique son nom.

Les céleris craignent la gelée; il faut donc les couvrir de feuilles sèches, ou de litière, ou les rentrer au cellier avant l'hiver comme les cardons. On les consomme lorsqu'ils ont blanchi.

Cerfeuil. — On sème cette plante en été dans un endroit un peu ombragé, au printemps et à l'automne en plein soleil. La variété à feuilles crispées est plus ornementale que l'ordinaire comme garniture d'un plat servi sur table, mais elle n'a pas d'autres avantages. Elle est du reste plus délicate, c'est-à-dire moins rustique.

Chicorée. — On peut commencer à la semer de février à mars sur couche, et de mai à juillet à la volée en pleine terre et en ligne. On la repique en planches espacées de 20 à 40 centimètres, suivant le volume que doit acquérir la variété et la richesse du sol. Pour les premiers semis, on emploie de préférence des graines de deux ou trois ans, même de quatre. Plus les graines sont anciennes, moins les plants sont sujets à monter. Lorsque les plantes sont grosses, on les fait blanchir, soit en les couvrant d'un paillasson, soit en les liant ou en les couchant dans la terre par un temps très sec. Quand vient la gelée, on rentre la chicorée au cellier, en ayant soin de laisser aux racines un peu de terre que l'on serre avec les mains, et on les plante près à près de manière à ce qu'elles se ressèrent les unes aux autres. Il en est de même pour les Ch. Scaroles.

Nota. Si l'on peut donner de l'air dans le cellier, il faut le faire toutes les fois que la température le permet, c'est-à-dire qu'il ne gèle pas; ces précautions s'appliquent pour tous les légumes fermés ou couverts.

Les meilleures variétés sont la *chicorée fine d'Italie*, pour le printemps et l'été; la *chicorée de Germond* ou *de Picpus*, pour l'été; la *chicorée de Ruffec*, la plus grosse et la plus rustique, pour l'été, l'automne et l'hiver, et la *chicorée de Meaux*, pour l'automne et l'hiver.

Chicorée scarole. — Se cultive comme les précédentes.

Chicorée sauvage. — Pour avoir cette chicorée douce et tendre, il convient de renouveler le semis chaque mois. Cependant, semée au printemps, elle repousse tout l'été et même l'hiver, lorsqu'il n'est pas rigoureux.

Si l'on veut faire de la Barbe de Capucin, il faut conserver la chicorée amère semée du printemps précédent, que l'on arrache au mois de novembre ou décembre; on établit dans la cave une ou plusieurs couches de terre légère ou de fumier bien consommé, de 6 à 8 centimètres d'épaisseur sur 65 de largeur; on couche lesdites racines de chicorée, la tête en dehors, et on les recouvre d'un lit de terre de la même épaisseur sur laquelle on replace un nouveau rang de racines, que l'on recouvre de même et ainsi de suite. La température égale de la cave et le défaut de lumière ne tarde pas à faire pousser des feuilles étiolées et sans couleur, qu'on récolte à mesure qu'elles sont suffisamment développées; on mouille au besoin, si l'on a employé de la terre trop sèche.

La variété *améliorée* est préférable, semée en août et septembre pour être récoltée en hiver et aux premiers jours de printemps. Elle remplace la laitue et la chicorée frisée lorsque celles-ci manquent.

Chou d'York. — Quatre variétés : le *Gros*, le *Petit*, le *Cœur de bœuf* et le *Pain de* *sucre*. On sème les graines en août et septembre, et l'on repique les semis en octobre et novembre. Ils donnent leurs produits en mai et juin suivants. Généralement on repique les choux de 40 à 80 centimètres de distance, suivant le volume qu'ils sont destinés à acquérir et dans un sol bien défoncé, bien fumé.

Chou Cabus ou Pommé. — Quatre variétés : le *Joannet* ou *Nantais*, le *Saint-Denis*, le *Brunswick* et le *Quintal*, ce dernier le plus volumineux. Leur précocité est indiquée dans l'ordre que nous venons d'indiquer en commençant par le Joannet. Les semis se font de mars à mai.

Les semis de choux, en général, comme toutes les autres crucifères, sont sujets à être dévorés par l'altise, petit insecte qui en est très friand. Pour en préserver les jeunes plants, il faut les bassiner deux ou trois fois par jour, pendant les chaleurs.

Diverses manières de conserver les Choux pommés pendant l'hiver. — Il est prudent de mettre une partie de la récolte à l'abri des fortes gelées. L'on peut arracher les choux et les replanter près à près dans un cellier ou une cave sèche; ou bien encore, les pendre au plancher. Pour cette manière, on doit toujours choisir les sujets les plus durs ou les mieux pommés.

Pour les autres, planter tout simplement près à près la tête tournée au nord et recouverts de paille pendant la gelée, en ayant soin de les découvrir quand il fait beau, et recouvrir à l'approche des gelées.

Chou Milan ou **Frisé**. — Le chou Milan trapu et le Gros Milan des vertus peut se semer en mars pour l'été, et en mai et juin pour l'hiver; le chou Milan Gros des vertus vient beaucoup plus gros, mais il est moins hâtif. Tous deux semés en mai et juin, ils résistent bien en place aux gelées; pour cela il faut, à l'entrée de l'hiver, enlever un peu de terre du côté du nord, on incline le chou de ce côté et on met la terre que l'on a enlevée sur le pied et le chou du côté du midi. L'on doit toujours choisir de préférence pour la consommation immédiate les pommes les plus dures, c'est-à-dire les plus faites, car c'est toujours celles-ci qui craignent le plus la gelée.

Chou de Bruxelles. — Les produits sont en forme de petite pomme à l'aisselle des feuilles et très estimés des gourmets. On le sème de mai à juin; on le récolte d'octobre à février ou mars. Il résiste aux grandes sècheresses et au grand froid. Il n'est pas assez cultivé.

Chou rave. — Quoiqu'on puisse le semer dès mars, le mieux est d'attendre mai ou juin. On repique les jeunes plants quand ils sont assez forts. Avant les gelées on l'arrache et on le rentre au cellier. Le *violet* et le *blanc hâtif* sont les deux variétés anciennes les plus estimées. On annonce deux variétés nouvelles sous le nom de *violet* et *blanc géant*. Puissent leurs mérites être géants comme leur nom !

Chou navet ou **Pomme en terre**. — Semé en juin ou juillet, il passe l'hiver en pleine terre et il est bon à manger jusqu'en avril. Il offre un précieux avantage aux ménagères, alors que les bons légumes sont rares.

Chou-Fleur. — Semé en mars ou avril,

il ne réussit pas dans notre climat; la pomme reste petite, verdâtre, mélangée de petites feuilles. Mieux vaut le semer en mai ou juin pour le repiquer en juillet, même en août. Les meilleures variétés sont : le *Hâtif d'Erfurt*, le *Tendre* ou *Petit Salomon*, le *Gros Lenormand*, le *Pied-Court* et le *Dur de Hollande*. On peut en avoir au printemps en les semant sous châssis en octobre ou novembre, et en les repiquant en pleine terre, dès que les gelées ne sont plus à craindre. On les arrose beaucoup en temps de chaleur. Le Hâtif d'Erfurt et le petit Salomon doivent être préférés pour cette culture précoce.

Chou Brocoli. — Il remplace avantageusement le chou-fleur au printemps. On le sème en juin et on le cultive comme les autres. On le garantit de la gelée en le couchant du côté du nord et en couvrant le pied de terre jusqu'aux feuilles.

Concombre. — Cette famille se compose de nombreuses races ou variétés. La plus cultivée est le concombre vert ou *cornichon*. Ce nom lui vient de la forme recourbée de son fruit long. Le concombre *serpent* est de fantaisie. Leur culture est à peu près la même que celle du melon.

Courge. — La courge se sème en avril sur couche. On met en pleine terre les jeunes plants dès qu'ils paraissent sur la couche.

On sème également à demeure, quatre ou cinq graines à la fois, sur un *capot*, composé de fumier chaud au fond et recouvert de bon terreau. On distance les capots de 2 à 4 mètres, suivant la vigueur connue des variétés. On ne conserve des quatre ou cinq plants sortis de terre que les deux plus vigoureux. On pince les plants au-dessus de la troisième feuille, ainsi que les tiges les plus vigoureuses, pour les faire ramifier à leur base. Lorsqu'on tient à la grosseur du fruit on n'en laisse qu'un ou deux sur chaque plante. Les meilleures variétés sont : le *Potiron d'Espagne*, le *Giraumon* ou *Turban*, la *Sucrière du Brésil*. Ces variétés ont le mérite d'être excellentes et de se conserver très tard, ainsi que la *Courge de la Floride*, nouvelle variété très recommandable par ses qualités culinaires aussi bien que par la beauté de son écorce. La *Courge a la Moëlle végétale*, la *C. d'Italie* sont également bonnes, mais avant leur maturité. Le *Patisson* ou *Bonnet de Juge*, ainsi que la *Grosse romaine reinette*, sont aussi recommandables, mais cette dernière doit être spécialement pour la grande culture.

Cresson de fontaine. — La culture de cette plante est très connue. L'eau de source lui convient de préférence. On fait un fossé de 1 ou de 2 mètres de largeur; on plante au fond les plants de cresson et on tient humide. Au bout de quinze jours le cresson est enraciné et on remplit d'eau le fossé. Cette eau ne doit pas être trop courante. On peut également semer le cresson.

Echalotte. — La même culture que l'ail.

Epinard. — On le sème depuis février jusqu'en septembre. Pour en avoir continuellement en été, il faut en semer tous les quinze jours. Les semis de fin juillet et d'août se récoltent en automne et au printemps. Mais si l'on prend la peine de repiquer fin septembre et octobre les jeunes plants de 20 à 30 cent. de distance dans un terrain préparé et fumé, la récolte est plus abondante. Les variétés préférables sont : l'*Epinard Gaudry*, l'*Epinard à feuilles de laitue* et l'*Epinard d'Angleterre*.

Fève. — On peut la semer dès février et dans les terres improductives. La *Fève de marais* est la plus connue; celle de Windsor n'est pas à dédaigner.

Haricots nains. — On peut semer les haricots dès mars dans un endroit abrité, mais en avril, en plein champ; on continue jusqu'à la fin de juillet. On met les grains dans une raie de 8 à 10 centimètres de profondeur tout au plus; on recouvre légèrement les grains qui n'aiment pas à être chargés de terre. On bine lorsqu'ils sont levés, et on butte les jeunes plants de manière à ce qu'ils se trouvent au centre des ados. Les lignes doivent être espacées de 30 à 50 centimètres.

Les meilleures variétés sont : 1° le *Noir hâtif de Belgique;* 2° le *Bagnolet*, le *Gris de tous les jours;* 3° le *Beurre noir nain;* 4° le *Cent pour un* et celui d'*Aix*, très productif; 5° enfin le *Gourmand nain*, extra bon.

Le principal mérite du premier est de ne pas craindre l'humidité; il faut l'employer de préférence pour les premiers et les derniers semis. Le deuxième (Gris) est très rustique, très fertile, et peut être cultivé avec avantage pendant toute la belle saison. Si on veut récolter les grains pour l'hiver, il faut semer la *Comtesse de Chambord*, très fertile et très bonne variété lorsqu'elle est semée en mai.

Haricots à rames. — Ils se sèment en planche à environ 20 centimètres de distance. Après la germination, on bine et on plante des branches pour les faire grimper. Les meilleures variétés sont : le *Soisson*, le *Haricot d'Alger* ou *Beurre*, le *Coco blanc*, le *Sophie*, etc.

Laitues frisées. — Leur culture est des plus faciles et dure pendant toute la belle saison. On commence à faire les semis dès février. Il leur faut environ trois mois pour arriver à la pousse parfaite. Lorsqu'ils sont assez forts on les repique de 20 à 40 centimètres de distance, suivant l'ampleur qu'ils comportent. Les meilleures variétés sont : la *Gotte*, la *Mousseronne*, la *Frisée*, la *Batavia blonde* et celle à *Bord rouge*, le *Chou de Naples*, la *Bossin*. Cette dernière est la plus grosse de toutes les laitues; elle est encore nouvelle.

Laitues pommées. — Les variétés les plus recommandables de cette catégorie sont : celle de *Versailles*, la *Paresseuse*, la *Bellegarde* ou *Blonde trapue* (lente à monter) ne craint pas la chaleur, la *Palatine*, la *Laitue de Berlin*, la *Laitue de Néris* (une des plus belles). Presque toutes ces plantes peuvent être également semées d'août à octobre pour l'hiver et le printemps. On doit préférer cependant pour les semis tardifs : la *Laitue Passion* ou *Hivernaude*, la *Brune d'hiver*, ou *Savoyarde* ou *Batavia brune* (très grosse).

Laitues romaines. — Elles sont plus volumineuses que les précédentes, excellentes à l'automne pour être conservées en hiver jusqu'au printemps. On sème tardivement avec avantage la *Romaine verte* ou *Chicon* et au printemps la *Romaine blonde* maraîchère.

Mâche, ou **Blanchette,** ou **Bouvette,** etc. — On les sème de fin juillet à septembre. Les préférables sont : la *Mâche à feuille ronde*, la *Mâche à grosse graine*, et enfin la *Mâche d'Italie*, vulgairement connue sous le nom de *Parisienne*. Elle est tardive à monter et graine au printemps.

Melon. — On le sème en mars et avril sur couche. On repique ensuite les jeunes semis en pleine terre sur terreau. On peut aussi les semer à demeure.

On fait un capot (trou) de 30 à 50 centimètres de diamètre, et de 20 à 40 c. de profondeur qu'on remplit de fumier de litière en le serrant avec le pied. On le recouvre de terreau ou de bonne terre, de manière à ce qu'il forme un monticule. On met ensuite le jeune plant au centre du capot. Lorsque les premières feuilles, — non les cotylédons, — sont développées, on pince, ou plutôt on éborgne le bourgeon terminal. Bientôt de nouveaux bourgeons se développent à l'aisselle des deux premières feuilles (les cotylédons doivent être considérés comme nuls, après en avoir supprimé les bourgeons). On pince à leur tour, après leur troisième feuille, ces deux branches latérales. Après cette deuxième opération, on laisse aller seules

les ramifications tertiaires; seulement on pince les plus vigoureuses de temps en temps.

On peut aussi attendre que les deux premières branches latérales aient donné leur septième feuille pour pincer leur extrémité; après cette opération, on les abandonne à elles-mêmes.

Pour les melons semés sur couche, il est bon de mettre les graines dans des godets ou des boîtes à allumettes que l'on enterre avec la plante. Ce moyen facilite la transplantation sur capots.

Les meilleures variétés de melon sont : le *Cantaloup noir des Carmes*, le *Prescott*, le *Fond blanc* ou *argenté*. Le petit melon d'Amérique à chair verte est très fertile et excellent. Le plus rustique est le *maraîcher* cultivé à Cavaillon et aux environs de Lyon; mais il est capricieux dans ses qualités.

Navets. — Les plus recommandables sont le *Blanc hâtif* à collet rose ou blanc, le *Long des vertus*. On peut les semer au printemps; mais, comme toutes les crucifères, ils demandent de fréquents arrosages pendant les chaleurs.

On sème ensuite le *Navet noir*, le long et le rond. Il y a un grand nombre de variétés qu'on sème de juillet à août pour la grande culture.

Oignons. — On sème le *Blanc* en août pour le repiquer en octobre, le *Rouge* de février à avril en place, le *Paille* ou *Suisse* de mars à mai. Ce dernier, semé clair, vient d'une jolie grosseur; mais semé très épais, il ne fait que de petites bulbilles la première année; on replante celles-ci en mars suivant, et deviennent de très gros oignons; gros ou petits ils se conservent facilement d'une année à l'autre. On repique toutes les variétés d'oignons de 10 à 20 centimètres de distance. On couche les tiges sur la terre dès qu'elles commencent à jaunir; cette opération, faite avec le dos d'un râteau par économie de temps, contribue au développement de l'oignon.

En cultivant en leur temps les variétés que nous venons de désigner, on peut être approvisionné pendant toute l'année.

Il importe, pour avoir de belles récoltes, de fumer un an d'avance le terrain destiné à recevoir les semences ou les jeunes plantes.

Oseille. — Elle peut facilement se cultiver en bordure, surtout l'*Oseille vierge* qui ne se multiplie que par éclats. L'oseille large de *Belleville* se multiplie facilement de semis; mais il est préférable de la multiplier d'éclats, attendu que par les semis elle dégénère beaucoup.

Panais. — Il est considéré plutôt comme condiment que comme aliment. Sa culture est la même que celle des carottes.

Persil. — On sème le persil dans un petit coin du jardin où on ne pourrait pas cultiver autre chose.

Piment. — Même culture que celle de l'aubergine.

Poireau. — On le sème de février à mai en planche, pour être repiqué en lignes espacées entre elles de 15 à 25 centimètres, et les plançons de 5 à 10 centimètres, selon la grosseur que l'on désire obtenir. Si l'on tient à avoir longue et blanche la partie qui est dans la terre, quelque temps avant l'arrachage on fait une raie à côté des lignes et on couche les poireaux dedans en les recouvrant de terre, toutefois en laissant de l'air à la plante. Celui de Nîmes est le plus gros et le plus précoce. Celui de Rouen est également très gros, mais plus rustique; il résiste mieux aux gelées.

Poirée à carde ou **Bette.** — Elle se sème de mars à juillet; les premières pour l'été et l'automne, les dernières pour le printemps suivant. On garantit de l'hiver les dernières comme les artichauts. On plante les poirées en lignes de 30 à 60 centimètres de distance.

La *Poirée à tondre* se cultive comme la chicorée amère, mais seulement pour l'assortiment des petites herbes.

Pois à dégrainer. — Les premiers semis se font dès novembre. Pour cette saison le pois Michaux est préférable. Comme toutes les autres variétés, on le sème en lignes espacées de 15 à 20 centimètres, et les graines de 2 à 3 centimètres les unes des autres. Cette méthode est préférable aux semis à mouchets. Ceux-ci attirent les souris qui en sont très friandes.

Lorsque les pois commencent à monter, on fait un binage et on rame ceux qui grimpent.

Les meilleures variétés sont : le pois *Michaux*, le *Comanchon*, le *Ringleader*, le *Daniel O'Rouk*, le *Serpette*, le *Gourmand*, le *Ridé de Knight*, le meilleur de tous. On ne doit semer ce dernier que de mai à juillet. Il est le plus rustique pendant les chaleurs ; quoique gros et presque mûr il est toujours tendre et très sucré. Quelques variétés peuvent se passer de rames, entre autres le pois *nain de Gontier* qui n'atteint pas plus de 30 centimètres.

Quoique très précoce, il rivalise avec tous les autres pour l'abondance.

Pomme de terre. — Il est inutile d'entrer dans les détails de cette culture, elle est généralement connue. Indiquons seulement la variété *Marjolin* cultivable dans les jardins. En la plantant contre un mur, au midi, elle donne ses premiers produits en mai ; on les récolte en fouillant la terre sans arracher la plante.

Nous recommandons pour la grande culture la pomme de terre *Confédérée*, quoique nouvelle, afin de l'expérimenter ; elle promet beaucoup.

Potiron. — (Voir Courge).

Radis. — L'on peut en semer tous les quinze jours pour ne pas en manquer. Vu leur végétation hâtive et pour ne pas occuper la place exprès, on peut les semer avec avantage au travers de toutes sortes de légumes. Les meilleurs sont : le radis à *bouts blancs*, le radis *rond hâtif*, le radis *demi-long écarlate*, et enfin le *long* ou de *Chine*. Le radis noir d'hiver est très recherché dans le nord. Les blancs sont de fantaisie quoique bons.

Scolyme d'Espagne (composé). — Cette plante alimentaire, déjà ancienne dans les cultures, n'est point aussi répandue qu'elle mériterait de l'être, soit par sa bonne qualité culinaire, soit par sa culture aussi facile qu'elle est à la portée de tout le monde ; elle vient dans toutes les terres, mieux cependant dans un sol un peu léger et profond que dans les terres fortes ou trop compactes.

Ressemblance. — La feuille et la tige qui ressemblent à un chardon l'ont quelquefois fait confondre avec ce dernier; il ne faut donc pas s'y méprendre, surtout lorsque nouvellement semée, elle sort de terre, et ne pas l'arracher pour cette mauvaise herbe (le chardon).

Semis. — La qualité du scolyme dépend du mode de culture, c'est-à-dire de l'époque à laquelle on le sème. Semé en mars ou avril, la partie ligneuse acquert trop de développement et devient plus difficile de la décortiquer, motif pour lequel les cuisinières l'ont presque toujours rejeté comme sujet d'augmentation de leur travail. Pour détruire cet inconvénient, il ne faut semer qu'à partir du 15 mai jusqu'à la fin de juin; la plante a tout le temps nécessaire pour acquérir son développement sans se trop durcir, et peut être consommée à partir du mois d'octobre suivant. On obtient ainsi en quatre à cinq mois un légume similaire, mais meilleur que le scorsonère qui met le double plus de temps à fournir son produit.

Soins. — Bien qu'il ne craigne pas les fortes gelées pendant l'hiver, un retour de gelée au printemps, lorsqu'il a déjà commencé à pousser, peut fatiguer le collet qui nourrit les jeunes bourgeons. Il est bon de les préserver par une légère couche de feuilles sèches ou de fumier long.

Pour ne pas s'exposer d'en manquer pendant les fortes gelées de l'hiver, on peut en rentrer au jardin d'hiver où on n'a qu'à les enterrer soit dans de la terre molle, soit dans du sable; ceci se rapporte à tous les légumes racines.

Manière de les faire cuire. — Après les avoir légèrement raclés avec le dos d'un couteau pour enlever la première peau, très mince du reste, on les coupe par morceaux de la longueur voulue; on les fait cuire à l'eau, ce qui se reconnaît à la séparation de la partie ligneuse, c'est-à-dire le milieu de la racine.

Scorsonère. — Il se sème en ligne ou à la volée, de mars à mai, ou en juillet, pour l'année suivante, dans les terrains peu fertiles.

Tomate. — Même culture que les aubergines. Elle diffère seulement en ce que la plante a besoin d'être soutenue avec un tuteur; on peut la palisser contre un mur ou un treillage.

Tétragonne. — Cette plante fournit un légume aussi bon qu'abondant; de juin à novembre elle remplace avantageusement l'épinard qui dans cette saison monte vite. On fait tremper la graine pendant 24 heures avant de la semer, en capot, de 50 à 70 centimètres de distance.

Fraisier. — Il trouve sa place dans un jardin potager, soit en bordure, soit en planche de préférenee pour les espèces traçantes. Les fraisiers *Quatre-Saisons*, vulgairement de tout mois ou remontants, ne doivent jamais manquer dans un jardin. Pour en avoir en abondance, il ne faut pas les renouveler tous à la fois. On peut diviser cette culture en trois parties, en en renouvelant une tous les ans en septembre ou mars; par ce moyen on aura d'abondantes récoltes toute la belle saison. Les fraisiers à gros fruit sont également très avantageux; mais pour obtenir des fraises belles et abondantes, il faut avoir soin de couper les coulants à mesure qu'ils se développent.

RÈGLE GÉNÉRALE.

Il ne faut pas oublier que pendant les chaleurs il y a un immense avantage à pailler les cultures, c'est-à-dire à couvrir la terre de fumier pailleux. Celui-ci entretient la fraîcheur dans la terre et empêche cette dernière de se durcir au contact du soleil et des grands vents; il favorise la végétation et économise les arrosages qu'il ne faut pas négliger dans les jardins, surtout pour les semis. On emploie autant que possible l'eau qui a été exposée pendant quelques heures au soleil.

Le moment le plus favorable pour arroser les petits végétaux est le matin au printemps et à l'automne, et le soir l'été surtout: pour les gros, on peut les arroser à toute heure. Règle générale, il faut chaque fois que l'on repique un plant quelconque l'arroser avec le goulot de l'arrosoir aussitôt après l'opération.

Après avoir fait les semis de graines fines et avoir paillé, on aplatit la terre avec une pelle ou plutôt avec une planche appropriée à cet usage au moyen d'un manche, ce qui la convertit en battoir.

INFLUENCE DE LA LUNE SUR LA CULTURE

Les influences de la lune sur les végétaux sont encore très contestées, quoique des expériences faites avec un soin scrupuleux nous ont donné des résultats négatifs. Mais ce qui vaut infiniment mieux, c'est d'abord de faire les semis par un temps propice, c'est-à-dire par un beau temps; mieux vaut dans ce cas regarder le soleil que la lune, et que la terre soit bien friable, et surtout choisir de bonnes semences et de bons types dans les plantes à variétés nombreuses, telles que: pommes de terre, haricots, laitues, melons, navets, etc. Mais pour arriver à ce choix, le meilleur moyen est de planter ou de semer le plus grand nombre de variétés, ou tout au moins les meilleures et les plus estimées. Ainsi, supposons que l'on plante vingt variétés de légumes d'une même espèce; vers la fin de l'année on choisit les dix meilleures et l'on réforme les dix autres; la seconde année, les dix peuvent être réduites à cinq. Pour réduire encore le nombre, ce qui pourra arriver, il faudrait les cultiver quelques années, afin de bien se rendre compte du mérite; et celles qui réussiraient toujours, qui réaliseraient toutes les conditions désirables seraient seules gardées. Par ce moyen, l'on a toujours de bons résultats de ses cultures, quels que soient les quartiers de la lune.

Cependant, la réputation acquise de certaines variétés de légumes, ne peut pas toujours nous guider; car telle espèce qui réussit très bien chez l'un, ne réussit pas toujours bien chez l'autre, et tout le contraire peut se présenter pour d'autres espèces qui souvent sont rejetées faute d'étude sérieuse.

Il est bien entendu que s'il s'agit de nouveautés, les expériences de cultures doivent être faites avec plus de réserve encore.

LES PLANTES D'ORNEMENT

POUR LA PLEINE TERRE,

leur mérite spécial, leurs habitudes, leur culture.

Ornez votre demeure, si vous voulez vous y plaire.

Un grand nombre de plantes sont propres à orner un jardin et les abords d'une maison de campagne; mais, pour les utiliser, il importe de savoir faire un choix, de connaître les habitudes de chacune, l'époque de leur floraison, et les moyens que la pratique indique, pour les amener à produire tout l'effet dont elles sont susceptibles.

Les unes sont propres à composer des massifs; d'autres à former des bordures; celles-ci, à réjouir les yeux par l'éclat de leurs fleurs; celles-là, à charmer par leur port et leur feuillage riche et varié; d'autres enfin, à tiges grimpantes, nous permettent de masquer des treillages et de former des berceaux légers et gracieux.

Il est des plantes à bulbes ou à griffes, telles que : Crocus, Jacinthes, Tulipes, Anémones, Renoncules, qui doivent être plantées de préférence d'octobre à novembre, afin que leur floraison soit plus belle et plus hâtive.

Il est des plantes vivaces, telles que : Dauphinelles, Pentstémons, Phlox décussés, Primevères des jardins, Chrysanthèmes de l'Inde, qui peuvent se traiter comme les plantes bisannuelles, ou bien se multiplier par éclats des racines. L'époque la plus convenable pour procéder à la division des souches, est celle qui suit la floraison,

Il en est de bisannuelles : Violiers, Giroflées jaunes, Digitales, Œillets des poètes, qui se sèment au printemps, pour être repiquées en pépinières et être, en hiver, mises en place dans les massifs où elles doivent fleurir le printemps suivant.

Il en est d'annuelles, ou considérées en culture comme annuelles, telles que les Myosotis, les Pensées, les Silènes, les Saponaires de Calabre, qui demandent à être semées et repiquées; tandis que la Colinsie bicolore, la Julienne de Mahon, le Cynoglosse à feuilles de lin, le Miroir de Vénus, le Pied-d'Alouette d'Ajax, les Némophiles, ont tout avantage à être semées en place en automne; elles occupent alors un sol dépouillé, et la transplantation leur eût été défavorable.

Il est encore des plantes que l'on rend propres à la culture de pleine terre, en les traitant comme plantes annuelles, bien qu'elles soient des plantes de serre, telles que l'Asclépiade de Curaçao, les Lantanes, la Niérembergie grêle, la Pervenche de Madagascar; (**A**) pour cela, on les sème en février ou mars, sur couche ou sous châssis; lorsque les plants sont assez forts, on les repique dans des godets de 0m04; on les rempote ensuite dans des vases plus grands, en ayant soin de les maintenir sous châssis, et à une température chaude par le renouvellement des couches; en mai ou juin, on les habitue à la température du jardin, et on les rend ainsi propres à la composition des massifs de la saison d'été, pour remplacer les plantes indiquées ci-dessus, qui ont fleuri la première saison, telles que les Myosotis, Silènes, Colinsies, etc., etc.

Enfin, il est des plantes de serre froide ou d'orangerie, telles que : Fuchsia, Pélargonium zonale, Verveines, que l'on utilise très avantageusement, en en faisant des boutures à l'automne.

En général, pour les plantes qui doivent être repiquées, il est préférable de faire les semis en pleine terre ou en pot en mars-avril, soit sous châssis, soit en plein air, mais dans la partie la mieux exposée du jardin; la transplantation des sujets en pots est beaucoup plus facile, et leur végétation n'est pas interrompue. Pour les semis en pot, il faut éviter l'étiolement des sujets, étiolement causé soit par leur entassement, soit par une chaleur trop forte dans une atmosphère qui n'est pas assez renouvelée.

Une plante, composant un massif ou une bordure, ne vit pas indéfiniment; il peut arriver que, sans mourir, elle ne fleurisse plus, ou que son épuisement ne lui fasse donner que quelques fleurs maigres et sans éclat. En principe, deux modes se présentent pour la remplacer et perpétuer la floraison du massif.

Le premier consiste à semer une même espèce à diverses dates, pour que la floraison des unes succède à celle des autres. Les quelques plantes que nous allons énumérer pour les massifs, pourront se prêter à ce mode de culture : Pétunies, Phlox de Drummond, Julienne de Mahon, etc.

Le deuxième mode consiste à remplacer une espèce par une autre. Pour ce mode, les Balsamines, Matricaire du Cap, Reines-Marguerites, Chrysanthèmes de l'Inde, Dahlia, Fuchsia, Pentstémons, Véroniques, Sauge resplendissante, etc., sont d'un grand secours. Celles-ci doivent être cultivées en planche ou pépinière, dans une partie du jardin potager jusqu'à l'approche de la floraison; on les lève en mottes pour les placer dans les massifs qu'elles doivent orner.

Il est difficile de préciser l'époque où les

plantes produisent tout leur effet. La température de l'année, l'exposition, les diverses opérations de culture peuvent la modifier.

Dans la liste suivante, nous indiquons, dans la 2e colonne, l'époque de faire les semis.

Dans la 3e colonne, la hauteur approximative des plantes pour faciliter leur mise en place, afin de mettre les moins hautes aux bords des allées, massifs ou plates-bandes par gradation en arrivant aux plus grandes, et en s'éloignant des allées. Par ce moyen, au lieu de se gêner à la vue les unes aux autres, elles concourent mutuellement à leur beauté, car les petites cachent les tiges des grandes et forment ainsi un tapis de fleurs.

Et enfin la quatrième, l'époque de leur fleuraison.

Pour celles qui méritent des observations particulières, elles sont indiquées au bas de chaque page.

LISTE
DES PLANTES D'ORNEMENT
de pleine terre
qui se reproduisent facilement par semis.

NOMS DES ESPÈCES.	Mois dans lequel il faut semer.	Hauteur.	Epoque de la floraison
AGERATUM (1).	mars-mai	40 c	juill.-nov.
AGROSTEMA CŒLI ROSA (2).	mars-mai	30	juin-juillet
ALYSSUM BENTHAMI (3).	févr.-août	20	juin-nov.
AMARANTE CRÊTE DE COQ.	mars-mai	50	juin-nov.
ANTIRINUM MUFLIER (4).	févr.-août	60	juillet-oct.
ANCHUSA (5).	mars-mai	50	juin-sept.
ASCLEPIAS DE CURAÇAO (6).	févr.-mars	50	juillet-oct.
BALSAMINES variées.	mars-mai	60	juin-octob.
BASILIC (7).	avril	30	
BRACHYCOME (8).	mars-mai	30	tout l'été.
BROWALIA (9).	mars-mai	60	juin-octob.
BELLES DE NUIT JALAPES.	mars-mai	60	juillet-oct.
— **DE JOUR CONVOLVULUS.**	mars-juin	40	juin-octob.
BLEUET ou **BARBEAU.**	mars-mai	50	juin-octob.
CACALIA.	avril-mai	40	juill.-sept.
CAPUCINES naines (10).	avril-juin	40	juin-octob.
CHRYSANTHÈME à carène (11	avril mai	70	juillet-oct.

(1) Culture (Voir page 45, **A**).
(2) Repiquer les plants jeunes.
(3) Par semis successifs ; jolie garniture blanche pour bouquets.
(4) Bisannuelle ; la deuxième année, fleurit en mai.
(5) Elle passe souvent l'hiver ; très jolie fleur d'un beau bleu pour bouquets.
(6) Culture. Voir page 45, **A**.
(7) Plutôt pour l'odeur de ses feuilles que pour ses fleurs.
(8) Jolie plante pour bordure.
(9) Pour massifs et pour bouquets.
(10) Ne craint pas une exposition éclairée.
(11) Très rustique.

NOMS DES ESPÈCES.	Mois dans lequel il faut semer.	Hauteur.	Epoque de la floraison.
CLARKIA	mars-mai	40 c	juil.-sept.
COLINSIA (1).	févr.-mai	30	juin-juill.
CONVOLVULUS (Voir belle de jour.			
COQUELICOT (2).	mars-avril		mai à juin
COREOPSIS.	mars à mai	70	juin-sept.
COREOPSIS DRUMOND (3).	mars à mai	40	juin-sept.
CYNOGLOSSE à f. de lin (4).	oct.-fév.-juin	30	mai-juillet
DIGITALE (5).	mai-août	1m	juin-juillet
DRACOCEPHAL MOLDAVI.	mars-avril	60	juillet-sept.
ESCHOLTZIA (6).	mars-avril	30	juin-octob.
ELICRYSUM BRACTEACTUM(7	mars à juin	70	juil. à nov.
GAILLARDIA PICTA.	mars à juin	40	juin à nov.
GENTIANA.			
GOMPHRÈNE GLOBOSA (8).	mars à juin		juin à nov.
GILLIA (9).	mars à mai	30	mai à août
GLAYEUL (10).	mars à mai	1m	juillet-oct.
GIROFLÉE quarantaine.	févr. à juin	40	juin à nov.
GIROFLÉE bisannuelle (11).	mars à juin	50	mars à mai
GIROFLÉE jaune (12).	mars à juil.	60	mars-mai
GYPSOPHILE (13).	mars-mai	40	juin à août
HÉBIANTHUS (Soleil).	févr. à mai	1-3m	août à oct.

(1) Peut également se semer en octobre, mais toujours en place.
(2) Ne se repique pas, peut également se semer en septembre.
(3) Très convenable pour massifs.
(4) Ne se repique pas, jolie fleur blanche pour bouquets.
(5) Ne fleurit que la seconde année.
(6) Très rustique, se sème en place.
(7) La fleur, cueillie avant la maturité de la graine, se conserve et sert à faire des bouquets l'hiver.
(8) Même observ. que les Elicrysums. Faire tremper les graines d'avance.
(9) Se sème également comme bisannuelle, de août à octobre.
(10) Les Glayeuls se plantent en oignons.
(11) Repiquer en pépinière, passer l'hiver en pot dans un endroit abrité ou couverture de feuilles sèches.
(12) Très rustique variété à fleurs doubles.
(13) Très avantageuse pour bouquets, vu la légèreté de ses fl. et de ses tiges.

NOMS DES ESPÈCES.	Mois dans lequel il faut semer.	Hauteur.	Epoque de la floraison.
IBERIS THLASPI varié (1).	mars à juil.	35 c	juin à oct.
JULIENNE DE MAHON (2).	févr. à août	25	juin à oct.
LINARIA BIPARTITA (3).	mars à juin	30	juin-sept.
LIN (4).	mars à mai	30	juin à sept.
LOBELIA ERINUS (5).	avril-mai	10	mai à nov.
LUPIN.	avril-mai	50	juin-juillet
LYCHNIS CROIX DE MALTE (6	juin-juillet	60	juin-juillet
MALOPE.	mars-juin	80	juin à sept.
MATRICAIRE.	mars-avril	50	sept. à nov.
MIRABILIS JALAPA.	v. B. de nuit		
MUFLIER.	v. Antirinum		
MYOSOTIS (7).	mai à août	25	mai
NEMOPHILE (8).	fév. à juin	15	juin-août
ŒNOTHERA.	mars-avril	50	juillet-oct.
ŒILLET DE CHINE (9).	mars à juin	25	juin à oct.
ŒILLET FLAMAND (10).	mars à juin	60	juin-juillet
PAVOT (11).	fév. à avril	80	juin-juillet
PENSÉE à grande fleur (12).	juillet-août	15	mars-juillet

(1) Repiquer les plants jeunes ; le blanc semé en place et successivement est très avantageux à la confection des bouquets.

(2) Semé successivement, il fait de jolies bordures ; il peut également se semer en octobre. (Ne se repique pas).

(3) Semer en place.

(4) Variété vivace à fleurs bleues.

(5) Ne craint pas la mi-ombre ; peu ou pas enterrer les graines.

(6) Vivace, ne fleurit que la deuxième année.

(7) Le Myosotis Azorica Cœlestina, variété nouvelle. Semer en mars sur couche ; fleurit dès la première année.

(8) Semer en place en novembre, la floraison se fait dès mai.

(9) Les œillets Heddwig se cultivent de même, fleurissent également la première et la deuxième année, de mai à juin ; la seconde floraison est plus uniforme que la première.

(10) La floraison n'a lieu que la seconde année ; il est avantageux de perpétuer les bonnes variétés par marcottes, qui se font aux mois de juillet-août.

(11) Ne se repique pas.

(12) Elle pourrait se semer également au printemps, mais sa floraison est beaucoup moins belle quand viennent les grandes chaleurs.

NOMS DES ESPÈCES.	Mois dans lequel il faut semer.	Hauteur.	Epoque de la floraison.
PERVENCHE de Madagascar (1).	fév.-mars	50 c	août-sept.
PÉTUNIA hybrida (2).	mars à juin	40	juin-nov.
PHACELIA (3).	mars à mai	50	juil. à sept.
PHLOX DRUMONDI (4).	mars-juin	30	juin-nov.
PIED D'ALOUETTE (5).	no.-fé.-mars	40	mai-juin-juil.
POURPIER à grande fl. (6).	avril à juin	10	juin-sept.
PRIMÉVÈRE des jardins (7).	mars à juin	20	mars-avril
REINE MARGUERITE (8).	mars à juin	30-60	août-nov.
RÉSÉDA odorant (9).	mars-juin	15	juin-octob.
ROSE D'INDE.	mars à mai	60	juin-octob.
ROSE TRÉMIÈRE (10).	mars à juin	2m	juillet-août
SALPIGLOSSIS (11).	mars-mai	60	juin-octob.
SALVIA SPLENDENS (12).		80	sept. à nov.
SCABIEUSE (13).	mars à juin	60	juin à oct.
SANVITALIA (14).	mars-mai	10	juin-octob.
SCHIZANTHUS (15).	mars-avril	80	juil. à sept.

(1) Voir la page 45, A.
(2) Pour les maintenir uniformes, coucher les tiges qui s'élèvent trop ou les tailler.
(3) Mieux les semer en place.
(4) Il faut les repiquer jeunes, avant qu'ils commencent à monter.
(5) Ne se repique pas.
(6) Aime les endroits chaux et secs ; variété à fleur double, peu ou pas recouvrir la graine.
(7) Vivace ; craint la forte chaleur, bonne plante pour bordure, ne fleurit qu'à partir de la seconde année.
(8) Repiquer plusieurs fois pour avoir des plantes garnies et faciles à former des massifs au commencement de la floraison.
(9) Mêlé aux pourpiers autour des habitations, donne la verdure qui leur manque et répand une odeur très agréable, même dans les appartements.
(10) Fleurit rarement la première année de semis.
(11) Repiquer les plants bien jeunes.
(12) Se multiplie par boutures et passe l'hiver en serre éclairée.
(13) Variété nouvelle naine, de 40 centimètres de hauteur.
(14) Très bonne plante pour bordures ; variété à fleur double.
(15) Voir page 45, A.

NOMS DES ESPÈCES.	Mois dans lequel il faut semer.	Hau-teur.	Epoque de la floraison.
SENEÇON élégant (1).	mars à mai	60c	août à oct.
SENSITIVE PUDIQUE (2).			
SILÈNE (3).	juillet-août	30	mai suivant
SOLANUM LACINIATUM.	avril	1m30	août-octob.
STÉVIA.	mars-avril	60	août-octob.
TAGETTES (4).	avril-mai	50	juin-nov.
THASPI varié.	voir Iberis		
VERVEINE hybride (5).	févr.-avril	20	mai-nov.
VISCARIA, voir Agrostema.			
ZINNIA élégant (6).	mars à mai	70	juin à nov.
ZINNIA mexicana (7).	mars à mai	40	juin à nov.

(1) Variété nouvelle naine, de 25 centimètres de hauteur.
(2) Elle se plaît plutôt dans les serres qu'à l'air libre.
(3) On la repique en planche, et l'on en garnit les massifs l'hiver.
(4) Très rustique.
(5) Plus vigoureuse par semis que par bouture ; faire tremper les graines pendant 24 heures avant de les semer. Soins, voir page 45, **A.**
(6) Très rustique variété à fleur double ; très jolie plante.
(7) D'un joli jaune formant de très jolis massifs, et de belles bordures à des massifs de grandes plantes.

PLANTES A FEUILLAGES POUR MASSIFS.

AMARANTE tricolore.

AMARANTE mélancolique, feuillage rouge foncé, d'un très bel effet.

BALISIER ou CANNA, de 1 mètre 50 à 2 mètres de hauteur, se sème de février à mai sur couche, mais se conserve en rizome pour l'année suivante ; il suffit pour cela de les rentrer avant l'hiver, après les avoir fait sécher au soleil quelques jours et les placer dans un cellier sec ou sur les rayons d'une orangerie, et on les replante au printemps suivant. Pour jouir de tout leur éclat, il ne faut leur épargner ni les engrais ni les arrosages.

CINÉRAIRE MARITIME, feuillage blanchâtre tout l'été, fleur d'un jaune brillant, très jolie plante pour border des massifs de plantes à feuilles poupre, tels que : Coléus, Périlla et Amarante, etc., etc. Le Cinéraire Maritime ne craint pas les expositions chaudes ; il doit être semé sur couche au printemps en terreau bien fin ; il se multiplie également de boutures ou marcottes que l'on fait passer l'hiver en serre ou en orangerie, et que l'on met en pleine terre au printemps suivant.

COLEUS VERSCHAFFELTII, coloris très riche, mais très délicat à passer l'hiver. (Serre chaude).

Ginerium Argenteum ; pour les conserver l'hiver, il faut rejoindre les feuilles, les attacher et les replier, et entourer la base de feuilles sèches, de sable ou de balles de blé.

Hélianthus ou Soleil.

Périlla de Nankin, à feuilles pourpre noir, se sème de mars à mai.

Ricin ou Palma Christi, vert ou rouge ; plante d'un majestueux effet.

Salvia Argentea, feuillage recouvert d'un duvet blanc ; semer sur couche.

Seneçon Maritime, voir Cinéraire Maritime.

Solanum.

Wigandia, port magnifique, feuillage très ample, passe l'hiver en serre chaude.

QUELQUES PLANTES GRIMPANTES.

Capucine grande variée.

Cobea Scandens, semer sur couche en mars, repiquer en godet et mise en place en mai ; elle pousse très rapidement.

Coloquintes, variées par leurs fruits, plante demandant peu de soins et d'une croissance des plus rapides et forme un ombrage très compacte.

Haricot à fleur d'Espagne.
Hipomées Volubilis variées, d'un grand effet.
Lophospermum Scandens. Culture, voir Cobéa.
Loasa orantiaca. Culture, voir Cobéa.
Maurandia simperflorens. Culture, voir Cobéa.
Momordica Balsamina.
Pois à odeur variés.

Parmi les plantes grimpantes, vivaces et ligneuses, il en est de très avantageuses pour former des berceaux ou tonnes ; parmi celles-ci se distinguent les suivantes :

Aristoloche.
Bignonia, à petite et à grande fleur.
Celastre grimpant.
Clématite, grand nombre de belles variétés.
Chèvrefeuille, grand nombre de belles variétés.
Glycine de la Chine, garnissant de grands espaces.
Jasmin.
Lierres variées, pour les parties ombrées.
Rosiers Banks, multiflore, etc.
Vigne vierge.

DESTRUCTION DES COURTILLIÈRES

Les taupes, les crapauds, ont trouvé des défenseurs zélés et dévoués, qui ont chaleureusement plaidé la cause de leur utilité dans les assises de l'agriculture et du jardinage. Ont-ils convaincu tout le monde? Nous ne le pensons pas, surtout pour ce qui est relatif à la taupe. Mais aucun agronome sensé n'a encore osé vanter les bienfaits de la courtillière. C'est qu'elle est l'éternelle et la mortelle ennemie de l'agriculteur et du jardinier. Elle détruit tout sur son passage, principalement les semis et les jeunes plants herbacés, et comme si elle obéissait à un ordre secret, diabolique, elle coupe de préférence des jeunes plants qui ont la plus belle apparence, et sur lesquels le cultivateur fonde son plus grand espoir.

Bon nombre de moyens pour les détruire ont été inventés et préconisés jusqu'à ce jour, mais aucun n'a encore efficacement atteint le but proposé.

Au nombre de ces moyens est celui de rechercher à la surface de la terre, avec le doigt, le trou vertical de l'insecte, et d'y faire pénétrer de l'eau huilée, savonnée ou goudronnée, pour l'en faire sortir ou l'y étouffer. Mais ce moyen est trop minutieux, et puis les corps gras, — huile, savon, goudron, — sont nuisibles à la fertilité de la terre.

Cet autre moyen est un peu plus praticable, mais il laisse encore beaucoup à désirer. On place dans des endroits isolés du jardin, à certaines distances, à 0^m, 05 au-dessous du niveau du sol, de petits tas de fumier que l'on arrose pour y maintenir la fraîcheur. Les courtillières s'y réfugient pendant la journée. En remuant avec attention de temps à autre les tas de fumier, on y découvre les courtillières et on les tue. Mais toutes ne se trouvent pas au rendez-vous.

Voici un autre moyen qui est plus efficace, mais qui exige aussi quelques petits soins : On borde les massifs de semis ou jeunes plants que l'on veut garantir du ravage des courtillières de petites planches en bois ou de bandes de zinc ayant environ 10 centimètres de largeur.

Il faut les enfoncer de 7 centimètres dans la terre et laisser en saillie 3 centimètres; on aura soin de pratiquer à chaque extrémité une entaille, de manière à pouvoir placer un pot vide entre les deux sans qu'elles aient apparence d'interruption. Ce pot doit être enfoncé de un à deux centimètres plus bas que la surface du sol; les courtillières, en traçant leurs galeries, rencontrent les planchettes, qu'elles suivent naturellement, et elles tombent dans les pots où on les détruit.

On peut aussi mettre des bandes au travers des planches de semis, et des pots aux extrémités.

Un autre moyen plus efficace, est celui des chats. Ils sont élevés de père en fils à la chasse aux courtillières; ils parcourent le jardin le matin, le soir et la nuit, moments où les insectes sortent de terre pour chercher leur nourriture. Les chats les happent et les mangent. On a remarqué que ce gibier les fait maigrir au lieu de les engraisser.

Tous les moyens ci-dessus sont bons pour garantir les semis de leur dégât tout en détruisant les courtillières. Mais voici maintenant le moyen le plus facile et le plus assuré de les détruire ; il est aussi simple qu'économique. Du 15 au 30 septembre, pratiquez sur quelques points du terrain infesté un trou carré de 60 à 75 centimètres de profondeur sur 50 de côté ou carré, puis remplissez-le de fumier de cheval bien sec qui même n'ait pas été mouillé ; tassez-le bien, et recouvrez le fumier de tuiles ou de pierres plates, de manière à opérer une pression tout en lui servant d'abri. Au mois de janvier ou de février, retirez ce fumier, vous y trouverez toutes les courtillières des environs. « Il m'est arrivé de les compter par milliers, » dit M. Lacalm, auteur du système. (Extrait de la *Revue Horticole* du 1er août 1868.)

Lyon. — Impr. de Ve Lépagnez & Fils, pet. r. de Cuire, 10.

www.ingramcontent.com/pod-product-compliance
Ingram Content Group UK Ltd.
Pitfield, Milton Keynes, MK11 3LW, UK
UKHW020424180726
13839UKWH00003B/1378

9 782329 613796